AF250863

LA
CULTURE DE LA MER

APPLIQUÉE

AUX BAIES

DU LITTORAL DE LA FRANCE

———

EXPOSÉ ET MOYENS PRATIQUES

PAR

F.-M.-A. CHAUVIN

Suivis d'un

RAPPORT SUR LE MÉMOIRE

PRÉSENTÉ PAR L'AUTEUR

À LA SOCIÉTÉ IMPÉRIALE ZOOLOGIQUE D'ACCLIMATATION

PRÉSIDÉE PAR

M. Isidore-Geoffroy Saint-Hilaire.

———

LANNION

IMPRIMERIE DE ALFRED ANGER, LIBRAIRE

Place du Marhallach et rue des Chapeliers.

1858

LA
CULTURE DE LA MER

APPLIQUÉE

AUX BAIES

DU LITTORAL DE LA FRANCE

EXPOSÉ ET MOYENS PRATIQUES

PAR

F.-M.-A. CHAUVIN

Suivi d'un

RAPPORT SUR LE MÉMOIRE

PRÉSENTÉ PAR L'AUTEUR

A LA SOCIÉTÉ IMPÉRIALE ZOOLOGIQUE D'ACCLIMATATION

PRÉSIDÉE PAR

M. Isidore-Geoffroy Saint-Hilaire.

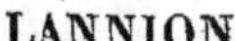

LANNION

IMPRIMERIE DE ALFRED ANGER, LIBRAIRE

Place du Marhallach et rue des Chapeliers.

1858

[illegible]

[illegible]

[illegible]

[illegible]

ⓒ

[illegible]

[illegible]

[illegible]

[illegible]

[illegible]

LA
CULTURE DE LA MER

APPLIQUÉE

AUX BAIES

DU LITTORAL DE LA FRANCE

EXPOSÉ ET MOYENS PRATIQUES

Parmi les découvertes récentes dont se préoccupe le monde savant, la fécondation et les frayères artificielles du poisson sont des plus essentielles, à cause des résultats qu'elles sont appelées à produire. Depuis que les deux humbles pêcheurs des Vosges, Joseph Rémy et Antoine Géhin, ont réussi à faire éclore des truites et à les multiplier à l'infini, la science a vu s'agrandir le champ de ses observations physiologiques et micrographiques, et les travaux de MM. Coste et Millet n'ont pas tardé à donner, à des expériences tout empiriques, la consécration de leur talent. Grâce à eux, la pisciculture est devenue une doctrine complète, fondée sur des faits définitivement acquis à la science, et dont l'étrangeté même n'excite plus le doute ni l'étonnement.

Chacun peut, maintenant, se donner le plaisir de voir éclore dans sa cuvette des homards, des langoustes, des saumons ou tout autre variété de poissons. Tout le monde peut faire naître et entretenir dans des réservoirs une population de poissons, à la condition que les eaux y soient toujours aérées ; ce qui peut s'obtenir facilement au moyen d'écluses et de déversoirs convenablement disposés.

Mais nous sommes à une époque où les résultats de la science doivent trouver une application directe au bien-être général, au risque d'être entachés de stérilité, et s'élever au-dessus des considérations purement théoriques pour concourir à l'économie générale.

Tel est le but que nous nous sommes proposé d'atteindre. De longues études dans les baies et une expérience toute pratique nous donnent le droit d'affirmer que nous avons résolu le problème... L'appui, les encouragements et les bons conseils que nous avons trouvés chez l'habile pisciculteur, le savant professeur d'embryogénie au collège de France, M. Coste, ne constituent pas notre seule autorité : la Société impériale zoologique d'acclimatation, dans sa séance du 20 avril dernier, vient encore d'ajouter son opinion aux conclusions d'un mémoire que nous lui avons présenté sur cette matière.

Laissant donc de côté la question du phénomène de la fécondation artificielle en lui-même, sur lequel des expériences réitérées nous avaient suffisamment renseigné, nous avons cherché si l'on ne pourrait utiliser cette précieuse découverte pour l'empoissonnement de nos côtes, dont les baies se dépeuplent de jour en jour. A force d'observer les mœurs et les habitudes des poissons, nous en sommes venu à nous demander si la plupart n'étaient pas distribués dans certains courants et sur certains fonds, comme les animaux ou les plantes sur la terre, et le résultat de nos recherches a entièrement confirmé cette présomption. Nous en avons tiré la conséquence que le poisson élevé par les procédés de la pisciculture jusqu'à l'âge de 2 à 4 mois, dans les conditions les plus favorables au développement de l'alevin, pourrait, sans danger de perte, être élevé non-seulement dans des bassins, tels que ceux qu'exploitent à Arcachon MM. Boissière et Douillard, mais lâché en pleine mer dans les baies qui lui conviennent, suivant l'espèce.

Ainsi, au moyen de frayères artificielles établies sur des fonds propres à la nature des variétés de poissons que l'on veut multiplier, il est facile, au moyen de réservoirs convenablement disposés, de prévenir tous les accidents qui s'opposent actuellement à l'éclosion spontanée et complète du frai, et, sans craindre que le poisson s'éloigne de nos rivages, on pourrait faire renaître une industrie et une richesse nationales qui tendent tous les jours davantage à péricliter.

Prenant, d'un côté, les différents fonds et les différents courants dans nos baies, de l'autre, les différentes espèces de poissons qui y séjournent, nous en avons tiré des règles certaines qui permettent d'ensemencer nos côtes comme on ensemence un champ, et de cultiver ainsi la mer comme la terre.

On a considéré jusqu'à présent les rivières et les fleuves, les lacs et les mers comme de vastes magasins alimentaires où l'homme n'avait qu'à puiser, sans craindre de les appauvrir jamais, au gré de ses besoins et de ses désirs ; mais l'expérience est loin de confirmer cette opinion trop avantageuse.

Nos baies se dépeuplent, au contraire, d'une manière effrayante, et les pêcheurs en sont déjà réduits à un profit si minime, que leur nombre diminue, au point de mettre dans l'embarras l'inscription maritime elle-même et de rendre tous les jours ses recrutements plus difficiles. Le poisson, cette source alimentaire si saine et qui devrait être, dans un pays favorisé comme le nôtre, à la portée de toutes les bourses, ne s'obtient plus qu'à des prix très-élevés.

Un aperçu sur la consommation de Paris pour l'année 1857, dont nous devons la communication officieuse à l'obligeance de M. le Préfet de police, fera apprécier l'importance de ce produit :

Paris consomme en moyenne par an 11,500,000 kilogrammes de poissons de mer frais, dont le prix de vente fait en gros à la halle, sans distinction d'espèces, s'élève à fr. 9,169,547 : ce qui donne une moyenne de 0 fr. 80 c. par kil., et, par chaque habitant, 30 grammes par jour.

Il s'y consomme 6,000,000 de kilogrammes d'huîtres, contenant 72,544,655 huîtres valant en moyenne le cent 2 f. 70 c. vendues en gros : ce qui équivaut par an à 72 huîtres par habitant.

Quant à l'importance hygiénique de la consommation du poisson, on sait qu'il est l'aliment le plus riche en principes nutritifs et de la digestion la plus facile, comme l'indique le tableau suivant, de M. de Beaumont, sur la vitesse de la chylification :

CHAIR DES POISSONS.

Elle se digère en général en.	2 heures	30 minutes.
— Fraîche.	2 —	» —
— Salée. . . . . . . : . .	3 —	» —

CHAIR DES OISEAUX.

— En général en.	3 heures	25 minutes.
— Poulet.	3 —	» —
— Oies, canards, etc. . .	3 —	40 —

CHAIR DES MAMMIFÈRES.

— En général en.	3 heures	30 minutes
— Bouillie.	4 —	30 —

Elle se digère, frite. . . . . 4 heures 15 minutes.
   —   Rôtie. 3   —   40   —
   —   Bœuf. 3   —   50   —
   —   Paon. 3   —   50   —
   —   Mouton. 3   —   30   —

Ces données suffiront pour donner une idée de l'importance d'un produit qui menace de devenir toujours moins accessible à la généralité des consommateurs, et dont plusieurs parties de la France sont aujourd'hui entièrement privées.

Avant la découverte de l'Amérique et les armements pour la pêche de Terre-Neuve, le Pas-de-Calais, la Manche, la Normandie et la Bretagne expédiaient du poisson sec ou salé dans toute la France. La pêche était alors pour les localités de nos côtes une source importante de bien-être. On peut citer tel village de pêcheurs, Kerity, par exemple, situé sur la côte de Penmarch (Finistère), qui, grâce à l'industrie de la pêche, se transforma rapidement en une ville prospère (cette localité fut détruite plus tard par Fontenelle, lors des troubles civils de la Ligue). Il est vrai qu'à cette époque le poisson était plus abondant dans nos baies. La pêche de la morue était en hiver très-productive pour les marins qui s'en occupaient ; aujourd'hui ce poisson a émigré et ne se rencontre plus dans nos parages que très-rarement et en très-petite quantité.

Le saumon, du reste, était avant 89 tellement abondant sur certains points du littoral de la

Bretagne, dans les rivières du Neff, du Trieux, du Tréguer, du Guer, de Poménou, de Pinzé, de Landerneau, de Châteaulin, de Quimper-Corentin, etc., que les domestiques, en se gageant, avaient l'habitude de stipuler qu'on ne leur donnerait du saumon que trois fois par semaine. Sans même remonter si haut, il y a quarante ans à peine, le cent d'huîtres valait en Bretagne de 15 à 20 centimes; un homard ou une langouste 20 à 25 centimes; un saumon, un turbot, de 3 à 4 kilos, 1 fr. ou 1 fr. 25 c., et cependant, alors, les pêcheurs gagnaient davantage, car ils prenaient beaucoup plus de poissons, et les populations riveraines jouissaient d'une nourriture saine, abondante et à bon marché. L'histoire constate, du reste, que les populations qui vivent de poissons sont, en général, très-belles, d'un sang pur et sain, et d'une constitution robuste.

Les causes du dépeuplement de nos baies et de nos rivières sont très-diverses. Nous ne ferons que les résumer, d'après nos observations et les recherches très-consciencieuses de M. Milne Edwards.

Dans l'harmonie générale de la nature, la fécondation des animaux est réglée, non-seulement en vue des dangers auxquels les jeunes se trouvent exposés avant de devenir aptes à concourir eux-mêmes à la reproduction de l'espèce, mais aussi en raison des chances de fécondation que les œufs ont à subir. On sait que la plupart des poissons sont ovipares et que la fécondation s'opère par l'action de l'élément mâle sur l'élément femelle en dehors du corps de ces animaux et au milieu de l'eau dans laquelle ils vivent. Cette action est une condition nécessaire du développement de l'embryon, et tous les œufs qui n'ont pas subi le contact des animalcules de la laitance, s'altèrent et se décomposent bientôt.

Or, jamais la totalité du frai ne se trouve fécondée, et par cela même, il s'en perd toujours une quantité plus ou moins considérable ; la portion qui reste est à son tour exposée à une foule d'influences pernicieuses : elle est souvent laissée à sec par le flux et le reflux de la mer ou étouffée par les matières limoneuses que soulève la lame. Le frai a d'ailleurs de nombreux ennemis : le poisson le dévore ; divers crustacés et divers insectes s'en nourrissent ; souvent il est envahi par les algues, et la plupart des oiseaux aquatiques en sont très-friands. Les envahissements de l'industrie manufacturière ont aussi contribué considérablement à diminuer les chances d'éclosion des espèces de poissons qui remontent les rivières pour y déposer leur frai. Les acides et les sels dont les usines se débarrassent dans les cours d'eau, le chlorure qu'y jettent les blanchisseuses, les eaux provenant du rouissage du lin et du chanvre, sont autant de poisons qui s'opposent à l'éclosion du frai. Les curages ou les dragages qui obligent souvent à mettre les rivières à sec, les mouvements brusques des bâtiments à vapeur, qui soulèvent et jettent sur

les berges le frai et les jeunes poissons qui bientôt
y périssent, enfin, la pratique coupable des pêcheurs à pied qui rejettent tous les jours et laissent périr sur les rivages les poissons trop petits
pour être vendus, sont encore une des causes qui
s'opposent au développement de l'alevin.

Il est donc évident que dans de pareilles conditions, avant peu d'années, le poisson aura presque
entièrement disparu de nos baies et de nos rivières.
Actuellement même il n'y a plus que la pêche du
poisson voyageur (le maquereau et la sardine) qui
donne aux pêcheurs un bénéfice raisonnable. On y
emploie sur les côtes de Bretagne : à Douarnenez,
800 bateaux montés chacun par cinq hommes;
300 à Concarneau; 10 à Tudy; de 300 à 400 entre
Belle-Isle, Lorient et Port-Louis.

Cette pêche dure environ six mois, depuis le
15 mai jusqu'au 15 décembre. Année commune,
chaque bateau prend 100 quintaux de poissons, soit
dix tonneaux (le prix du tonneau varie de 300 à
400 fr.). Le bénéfice ordinaire attribué à l'arma-
teur, qui partage le poisson avec les pêcheurs ou
achette la part de ces derniers à un prix fixé
d'avance, peut ainsi s'élever à 1,200 ou 1,500 fr.
par bateau.

Quant à la pêche du poisson qui habite continuellement nos côtes, elle donne aujourd'hui si
peu de bénéfices, qu'elle force les populations
maritimes à se livrer à l'agriculture et souvent
même à émigrer vers les centres; c'est à peine si

les marins qui s'en occupent peuvent gagner net en moyenne par jour 1 fr. 25 c. L'émigration augmenterait encore et, par suite, l'inscription maritime diminuerait dans une proportion considérable, si ces populations industrieuses ne se livraient point aux différentes pêches qu'elles peuvent faire dans leurs parages, et si surtout elles ne s'occupaient pas de la pêche du goëmon, du varech et du sable de mer, qui sont si recherchés par les cultivateurs.

Il en est de même pour la pêche des crustacés et des mollusques; cependant celle des homards et des langoustes donne sur quelques points du littoral un bénéfice qui, ajouté au produit de celui des autres pêches, peut faire vivre les pêcheurs et leurs familles. Ce résultat est dû surtout à l'industrie des Anglais qui viennent régulièrement acheter leurs produits et leur donner un écoulement facile. Il est curieux de voir ainsi l'étranger venir sur nos côtes exploiter nos malheureux pêcheurs, parce qu'ils manquent de communications avec l'intérieur, et que, faute d'un capital suffisant, ils ne possèdent que des moyens incomplets de développer leur industrie.

La pêche des huîtres donne encore aux marins un bénéfice raisonnable pendant quelques semaines de l'année; mais le nombre des bateaux qui pêchent ensemble sur les huîtrières est si peu en rapport avec la richesse et la dimension des bancs, que souvent, avant la fin de la première quinzaine de pêche, le produit diminue chaque jour, le banc s'épuise rapidement, et bientôt chaque bateau ne prend plus que quelques centaines d'huîtres dans sa journée.

Voilà où en est réduite l'industrie du poisson sur nos côtes, si favorisées cependant par la nature et menacées néanmoins d'une stérilité prochaine. En présence de pareils faits, attendra-t-on que le poisson disparaisse de nos parages, comme le gibier de nos forêts et de nos terroirs, quand on possède des moyens assurés et faciles de renouveler et d'alimenter cette source de richesse nationale? — Un rapide exposé des études et des expériences pratiques de pisciculture suffira à résoudre cette importante question.

Lorsque l'on veut empoissonner ou repeupler une baie, il est indispensable de commencer par étudier son sol sous-marin, afin de bien déterminer les espèces que l'on doit y multiplier pour obtenir un bon résultat. Le poisson, qui n'a d'autre instinct que celui de sa conservation, aime à vivre en société, tout en se faisant la guerre. L'observation constate que plus il y a de poissons dans une baie, plus ils s'y plaisent; s'ils en adoptent une de préférence, c'est qu'ils y trouvent dans les courants et sur les fonds une nourriture appropriée à leurs goûts et à leurs besoins; s'ils la quittent quelquefois, c'est toujours pour fuir leurs ennemis, mais pour y revenir dès que le danger est passé.

En général, lorsque les femelles déposent leurs

œufs, soit fécondés, soit pour être fécondés, elles se rapprochent du rivage pour les mettre à l'abri de la voracité des grands, et surtout parce que les petits se tiennent habituellement dans des eaux peu profondes et ne s'écartent de la côte qu'en grandissant. L'hiver force le poisson à prendre le large et à rechercher des eaux profondes, sans doute parce qu'il y trouve une température plus égale ; mais il est rare qu'il s'écarte du rivage à plus de 80 à 90 kilomètres. M. Forbes, qui, comme nous, a sondé les abîmes de la mer, vient confirmer en partie nos observations. Il a, du reste, mis hors de doute deux faits aussi importants que curieux : le premier, que toute vie s'arrête à une profondeur assez peu considérable ; le second, que les animaux sont distribués autour des roches et des montagnes sous-marines en zônes superposées qui restent constamment distinctes ou ne se confondent que par quelques espèces errantes : ce qui a fait dire à M. de Quatrefages, dans un article de zoologie générale qu'il a publié l'année dernière dans la *Revue des Deux-Mondes*, que la zoologie topographique, moins heureuse que la botanique, attendait encore son Alphonse de Candolle.

Le poisson, en été, se rapproche au contraire de la côte ; et avec le flot il n'est pas rare d'en rencontrer des quantités considérables au bord des plages et principalement à l'embouchure des fleuves et des rivières. C'est surtout à cette époque que le saumon, le lieu, le mulet, le bart, la sole, la plie et presque la généralité des poissons qui habitent continuellement nos contrées, aiment et recherchent avec avidité les mélanges d'eau douce et d'eau de mer ; mais tous adoptent une baie de préférence, parce que les uns aiment les fonds de coquillages ; d'autres ceux de sable, de *sable-vazars* ou de vases ; quelques-uns recherchent les roches ; ceux-ci les herbes marines ; un grand nombre, enfin, les courants sur ces différents fonds. Tous ces fonds se subdivisent eux-mêmes et sont très-variés. Ainsi, il n'est pas rare de trouver dans la même baie quinze ou vingt variétés de fonds presque semblables, produisant des vers et des animalcules différents qui fournissent au poisson une nourriture recherchée et variée : ce qui nous fait dire que les variétés que l'on trouve dans les mêmes espèces, proviennent uniquement des fonds qu'elles fréquentent. Ainsi, nous remarquons trois variétés de soles : celle de sable, de vase et de roches ; trois variétés de plies ; deux variétés de turbots ; deux variétés de congres de roches et de sable, trois variétés de saumons, etc.

D'après ces principes, sans vouloir rien innover, avec les procédés que nous fournit la pisciculture, il est facile d'ensemencer et de repeupler les baies des meilleures espèces de poissons qui y habitent (nous ne parlons pas du poisson voyageur ; il est probable qu'on arrivera à en acclimater quelques espèces dans certaines baies). Il suffit d'avoir sur le littoral des bassins convenablement disposés pour

multiplier, soit au moyen de fécondations artificielles, soit au moyen de frayères artificielles,
les espèces indiquées par la nature des fonds. Les
soins à donner au petit poisson pour qu'il devienne
apte à fuir ses ennemis et à se mettre à l'abri du
danger, ne sont ni difficiles, ni d'une longue durée :
tout consiste à placer ses bassins sur des fonds qui
conviennent aux espèces que l'on veut reproduire,
à ce que les eaux soient toujours pures et bien
aérées et à ce que les bassins soient bien défendus
contre les animaux nuisibles. Ce sont là des conditions indispensables; car si les fonds ou les eaux
ne conviennent pas, le poisson ne profitera pas : il
grandira lentement et n'atteindra jamais un développement complet.

Nos observations et nos expériences constatent
que la majorité des poissons peuvent être lâchés
sans inconvénient en pleine mer à l'âge de 60 à
70 jours; le homard et la langouste ne demandent
pas plus de 45 à 50 jours; les huîtres et les moules,
si l'on veut les acclimater sur un fond différent,
doivent être transportées le plus jeunes possible,
à l'âge de 35 à 40 jours. S'il s'agit, au contraire, de
repeupler immédiatement un banc, on y sèmera
des huîtres draguées sur un fond pareil et vivant
sous une profondeur d'eau à peu près égale. Le
mélange d'huîtres provenant de fonds différents,
est une cause certaine d'insuccès par la mortalité
qu'il occasionne. Mais si l'on veut suivre la voie
naturelle, dans les premiers jours de mai l'on

plongera, en amont et en aval du courant, des fascines sur l'huîtrière pour recevoir le frai. Si le banc est considérable, on le divisera par des fascines disposées dans les conditions précédentes : l'année suivante ces huîtres reproduiront, et en deux ans le banc sera entièrement rétabli. Les difficultés que nous avons éprouvées à maintenir nos fascines, nous ont mis dans la nécessité de chercher et de trouver un moyen assuré de recevoir et de fixer le frai. Notre appareil réalise ces conditions, et il est appelé à faciliter le repeuplement ou la création de nouveaux bancs. Mais il ne suffit pas seulement de multiplier ces précieux mollusques : l'huître qui vient d'être pêchée est généralement maigre, et, comme tant d'autres animaux, avant d'être livrée en bon état à la consommation, elle a besoin d'être mise à l'engrais et bonifiée dans des parcs. A cet effet, il est indispensable d'avoir, situés sur un fond convenable, à l'embouchure d'un fleuve ou d'une rivière, des bassins divisés en plusieurs compartiments, dans lesquels on puisse recevoir à volonté de l'eau de mer et maintenir des mélanges d'eau de mer et d'eau douce dans la proportion de 3/5 à 2/5. Les lois qui régissent actuellement le domaine public, ainsi que les règlements sur la pêche côtière, interdisent la construction de pareils établissements, parce qu'ils ne peuvent s'obtenir qu'au moyen d'endiguements. Ce n'est, du reste, que par une simple tolérance que le Ministre de

la Marine accorde des emplacements pour la création de parcs à huîtres et autorise leurs constructions provisoires, soit au moyen de clayonnages et de terre, soit au moyen de murets en pierres sèches. De semblables parcs, qui, dans l'intervalle de chaque marée, restent à sec pendant plusieurs heures, ne peuvent pas remplir les conditions favorables au développement et au prompt engraissement de ces mollusques; car il est évident que des huîtres qui ont été pêchées à huit ou dix brasses d'eau, quelquefois davantage, ne peuvent, sans danger de perte, être mises immédiatement à sec : la transition serait trop brusque; il faut qu'on les habitue graduellement à vivre sous une profondeur d'eau de jour en jour moins considérable, et qu'insensiblement on arrive à les priver d'eau pendant quelques heures. Ces conditions favorables ne peuvent s'obtenir qu'au moyen de bassins et d'écluses convenablement disposés. Avec la législation actuelle, Son Exc. M. le Ministre de la Marine ne peut donc, malgré sa haute sollicitude pour tous les grands intérêts qui lui sont confiés, donner à l'industrie huîtrière tous les moyens de développement et d'amélioration dont elle est susceptible.

Le saumon qui fraye dans l'eau douce, exige de 90 à 100 jours. Il est à remarquer combien l'instinct de la progéniture est développé chez cet animal : l'été il remontera les rivières pour choisir l'endroit où l'hiver, quand le moment de la ponte sera venue, il fera son nid et déposera son frai : ce sera sur un fond rocailleux et graveleux, presque toujours granitique ; quelquefois encore dans les herbes aquatiques ou parmi les racines des souches qui bordent nos rivières, mais toujours dans des eaux peu profondes et bien courantes. Vers le mois de novembre il commencera à remonter cette même rivière et, s'il a pu franchir les nombreuses embuscades de filets qu'on lui tend, il se rendra à l'endroit que l'été précédent il a choisi. Là, du bec, il remuera jusqu'à des cailloux d'un poids considérable pour se créer une frayère sur laquelle la femelle ne tardera pas à jeter son frai que le mâle arrosera et fécondera immédiatement de sa laitance. Pendant tout le temps de l'éclosion, il s'écartera fort peu de la frayère, afin de protéger et de défendre ses œufs de ses nombreux ennemis. Si le courant est trop fort et qu'il les emporte, du bec il approchera de la frayère des herbes, des racines ou des cailloux, d'après le fond qu'il a adopté, et il la recouvrira même au besoin. Aussi n'est-il pas rare de voir prendre des saumons qui ont le bec usé et de travers : les pêcheurs l'ont surnommé *bécard*.

Un poisson à la chair légèrement rosée, au goût plus exquis et plus délicat que le saumon, la truite de mer a les mêmes habitudes et fraye dans les mêmes conditions, mais à des époques différentes. Jusqu'à présent on a confondu cette espèce avec la truite à chair orange que l'on trouve dans des rivières, dans des étangs et dans des lacs qui n'ont aucune communication avec la mer. Ce poisson devient de plus en plus rare sur nos côtes ; il est aussi facile à multiplier que le saumon, et à l'âge de 60 jours, il peut être mis en liberté sans inconvénient. Cette dernière espèce se plaît particulièrement dans les rivières de la Bretagne qui coulent sur des fonds de schiste, de gravier et souvent de granit. Leur pente est en général très-forte ; aussi les eaux y sont-elles très-pures et bien aérées. Dans tous leurs parcours, elles offrent une succession de biais et de bassins superposés servant à faire mouvoir quelques moulins. Chacun de ces réservoirs à eau courante remplit les conditions les plus favorables pour la reproduction du saumon et de la truite de mer. Chaque biais est, en effet, une frayère naturelle dans laquelle il serait très-facile de maintenir l'alevin à l'abri de ses nombreux ennemis. Si cette opération était exécutée, et surveillée avec soin, il est positif que nos rivières, avant peu d'années, contiendraient des produits très-considérables qui feraient bientôt réduire le prix d'une denrée de luxe aux proportions d'un aliment accessible au plus grand nombre.

Tous ces faits prouvent d'une manière incontestable qu'en ichthyologie, comme en tout autre science, la main de l'homme est appelée à favoriser la nature dans sa grande et généreuse production.

En veut-on d'autres preuves ?

Les résultats pratiques de M. Guillou (1), de Concarneau (sur les homards et les langoustes), qui, depuis plusieurs années déjà, fait éclore et élève dans ses bassins ces précieux crustacés ; les résultats obtenus par M. de Crésolles, maire de Combrit (Finistère), dans sa propriété de Kermoor, sur des turbots, des soles et des plies, au moyen de frayères artificielles ; les résultats obtenus par MM. Mallet, commandant du navire de l'Etat le *Moustique*, et Moreau, sous-commissaire de la marine à Roscoff, sur le banc d'huîtres de St-Yves, situé au bas de la rivière de Penzé (Finistère) ; les expériences de M. Ackerman, ancien commissaire de la marine, sur les bancs de Marennes ; celles faites dans des bassins à Bandol, près de Toulon, par M. Garnier-Savatier, sur différentes variétés de poissons et de mollusques ; les huîtres que nous avons obtenues dans la baie de Trébeurden (Côtes-du-Nord), déposées dans l'étang à mer de Ploumanach où, dans l'espace de deux ans, elles ont atteint les dimensions marchandes ; d'un autre côté, les expériences que nous avons faites en pleine

(1) Nous sommes heureux de pouvoir remercier ici M. Guillou pour l'empressement qu'il a mis à nous adresser à Paris, dans le courant du mois de mars 1858, des échantillons de petites langoustes et de petits homards. M. Millet, vice-président de la section de pisciculture, a bien voulu les présenter, à l'appui de notre mémoire sur la culture de la mer, à la Société impériale zoologique d'acclimation, où ils ont excité la curiosité et l'admiration de tous ses membres.

mer, dans des appareils, sur les poissons qui habitent continuellement nos côtes, les résultats que nous avons obtenus et que nous n'avons pu conserver dans des réservoirs, parce que les règlements qui régissent actuellement la pêche côtière interdisent de barrer les étangs à mer et de se servir de filets à mailles plus petites que celles autorisées par la marine. Tous ces faits, tous ces résultats, toutes ces expériences pratiques démontrent la facilité avec laquelle on peut multiplier à l'infini les variétés de poissons qui habitent nos côtes et empoissonner nos baies. Ils devront nécessairement appeler la haute sollicitude de l'éminent amiral qui dirige aujourd'hui le ministère de la marine, sur les modifications à apporter dans la partie du règlement sur la petite pêche côtière, concernant la dimension des mailles des filets; car, pour faire de la fécondation artificielle, pour établir des frayères, pour arriver au repeuplement de nos côtes, il est indispensable d'avoir des bassins dans lesquels, au moyen de filets à mailles très-petites, on maintiendrait l'alevin et on l'empêcherait d'aller à la mer jusqu'à ce qu'il eût atteint les dimensions convenables. L'emploi de pareils filets est interdit aujourd'hui avec raison par la marine; car si les pêcheurs étaient autorisés à s'en servir, ils dépeupleraient encore davantage nos baies.

L'exception que nous demandons, pour faire passer la pisciculture dans le domaine de la pratique, ne peut pas être considérée comme un privilège, puisque nous ne nous en servons que pour maintenir l'alevin dans des conditions favorables à son développement, afin d'arriver à répandre dans les baies des quantités innombrables de petits poissons appropriés à la nature des fonds.

La France, berceau de la pensée, sera sans doute jalouse d'être la première à mettre à exécution, sur son riche littoral, ces nouveaux moyens de production. Nous en avons pour garant la puissante et énergique volonté de Sa Majesté l'Empereur pour tout ce qui regarde les intérêts généraux, comme pour tout ce qui touche à nos gloires nationales. Par sa position topographique, par ses nombreuses baies, par les mers qui la baignent, par la grande variété de poissons qui y habitent, la France est certes la contrée de l'Europe la plus favorisée sous le rapport de la richesse piscicole ; mais, hâtons-nous de le dire, c'est aussi le pays où l'on s'occupe le moins de récolter les denrées alimentaires qui existent dans nos baies. Jusqu'à présent des sociétés se sont bien créées pour la pêche de la morue à Terre-Neuve et en Islande, mais pas une n'a songé à armer en grand des bateaux pour faire la petite pêche côtière. Il en est toujours ainsi : là où la nature prodigue la richesse, l'homme devient paresseux et indifférent ; il s'obstinera longtemps encore à exploiter sur des rivages lointains des produits de qualités très-médiocres, lorsqu'il lui est aujourd'hui si facile de produire chez lui et de faire arriver sur tous les marchés de la France du poisson toujours frais, varié, en abondance et à bon marché. Que faut-il pour arriver à ces résultats? Obtenir du Gouvernement, dans le voisinage des baies, des anses pour y créer des bassins destinés à multiplier, soit au moyen de fécondations artificielles, soit au moyen de frayères artificielles, les bonnes espèces propres à la nature des fonds; et, pour assurer la réussite d'une société d'armement, obtenir l'autorisation d'avoir dans ces bassins des réservoirs convenablement disposés pour recevoir le poisson qui, pêché vivant par les bateaux et par les pêcheurs à pieds, ne serait point livré immédiatement à la consommation, ou conservé à l'huile, mariné, salé, fumé ou pressé. A certaines époques de l'année et particulièrement au moment où le poisson vient de jeter son frai, sa chair est amaigrie et de mauvaise qualité pour l'alimentation; il serait alors placé dans ces bassins, nourri et soigné jusqu'à ce qu'il fût revenu à l'état parfait.

Il existe sur les côtes de la France et particulièrement sur celles de la Bretagne, une quantité de petites anses et dé *lais* de mer que l'on peut utiliser à cet effet. Elles sont complètement inutiles à la navigation et à la pêche, parce qu'elles découvrent entièrement à chaque marée. Le poisson ne peut y séjourner, encore moins y déposer son frai qui resterait à découvert deux fois par vingt-quatre heures. Ces anses ne sont utiles à personne; au contraire, pendant les chaleurs de l'été, elles deviennent, par suite des gaz délétères qu'elles dégagent à basse mer, des foyers d'infection et de fièvres pour les populations riveraines. Il serait facile et peu coûteux d'assainir ces lais de mer en les endiguant et en les transformant en réservoirs convenablement disposés pour multiplier les espèces de poissons qui conviennent le mieux à la nature des fonds des baies.

Depuis longtemps déjà nous sommes en instance près du Gouvernement pour obtenir la concession provisoire de quelques-unes de ces anses qui nous permettent de démontrer, par une grande expérience, tout ce qu'on peut attendre de la culture de la mer. Nous les avons demandées dans des conditions qui ne peuvent être qu'avantageuses à l'Etat, avec la réserve d'être assuré, si nos expériences confirment notre théorie, d'obtenir, aux mêmes conditions, les anses et lais de mer nécessaires pour compléter notre opération industrielle, qui, au point de vue de la production du poisson, de sa répartition ou de son écoulement sur les différents marchés de la France, demande à être attaquée simultanément sur tout le littoral de la Manche, ou sur celui de l'Océan, ou sur celui de la Méditerranée (il n'y aurait aucun avantage et il serait même illusoire de chercher à empoissonner isolément quelques baies; les bons résultats que l'on obtiendrait seraient bien vite détruits par les nombreux bateaux qui viendraient y pêcher). Sans doute, il nous aurait été facile, si nous n'avions consulté que notre intérêt personnel, de limiter notre demande à deux ou trois anses, qui nous auraient été accordées aux mêmes conditions que celles du bassin d'Arcachon. Nous aurions alors borné notre entreprise de pisciculture à multiplier du poisson pour alimenter nos bassins, sans nous préoccuper de l'empoissonnement et du repeuplement des baies et évité ainsi toutes les difficultés que nous rencontrons aujourd'hui. Mais, guidé par un mobile plus élevé et plein de confiance dans la bonté de notre projet, qui a pour résultat immédiat de faire arriver dans les centres de consommation et sur tous les marchés du poisson frais à raison de 50 centimes le kilogramme en moyenne, au lieu de 80 centimes, prix actuel, nous n'avons pas hésité à généraliser l'idée et à exposer notre projet en entier. Pour mener à fin cette grande entreprise, nous faisons appel aux hommes de cœur et d'intelligence : elle est digne de leur zèle et de leurs sympathies. Nous invoquons les hommes politiques, parce que c'est une question d'alimentation publique qui intéresse la France entière, et parce qu'elle exige des anses et des lais de mer qui font partie du domaine public. Enfin, nous nous adresserons aux capitalistes lorsque la certitude de l'exécution et des profits à recueillir, déjà reconnus par la science et par des juges compétents, sera une question définitivement résolue par des expériences pratiques que nous demandons à être autorisé à faire sur différents points du littoral.

Cette nouvelle industrie est appelée à avoir une importance immense : elle est applicable sur le littoral du monde entier, et, par le vaste domaine qui lui est donné à féconder et à ensemencer, elle prend immédiatement rang auprès des plus utiles entreprises ; car elle ne se borne pas à créer des produits de consommation, elle peut, dès à présent, s'étendre jusqu'aux riches fonds des mers d'Orient et y cultiver l'éponge, le corail, la nacre et la perle, comme, dans les terres privilégiées de nos jardins, nous cultivons les belles espèces de fruits, de légumes et de fleurs.

Deux voies naturelles sont offertes à la France pour réaliser sur son littoral notre utile projet : l'empoissonnement et le repeuplement des baies exécutés par le Gouvernement, ou confiés à des particuliers, sous la surveillance immédiate du département de la marine. Dans les deux cas, nous estimons que cette opération exigera, le long de nos côtes, dans le voisinage des baies, la création de 120 bassins divisés, en deux ou quatre compartiments, par des digues construites simplement à l'aide de petits murets intérieurs, à chaux hydraulique, de quarante à soixante centimètres d'épaisseur, contre lesquels on aura rabattu des deux côtés des pierres et des terres en plan incliné de quarante à cinquante degrés. On ménagera naturellement, dans la construction de ces digues, des chutes d'eau que l'on utilisera au besoin à faire retourner dans les réservoirs une partie des eaux perdues ou à mettre en mouvement notre appareil pour aérer les eaux, et l'on disposera en outre des écluses et des déversoirs, de telle façon qu'à marée montante, il entrera plus d'eau dans les bassins qu'il n'en sortira à marée descendante. Grâce à ces procédés économiques, on maintiendra facilement dans les réservoirs des eaux sans cesse renouvelées, toujours en mouvement et bien aérées. Ces travaux, y compris la construction des édifices, là où ils seront jugés indispensables, pour loger les employés à l'opération, ne peuvent pas être évalués à moins de 20,000 francs en moyenne pour chaque établissement : les cent vingt demanderont donc une dépense de deux millions quatre cent mille francs, ci . . . . 2,400,000 f.

Les études préparatoires et les plans, vingt-six mille francs, ci . .   26,000

Chaque établissement demandera en outre un bateau armé pour faire les différentes pêches et construit de manière à avoir une partie de sa cale transformée à volonté en vivier, pour pouvoir transporter le poisson vivant dans les bassins. Nous évaluons chacun de ces bateaux à 2,000 francs : les cent vingt reviendraient donc à deux cent quarante mille francs, ci   240,000

Ensemble . . . . . .   2,666,000 f.

La dépense annuelle serait pour les intérêts de la première mise de fonds de 2,666,000 francs à 5 % par an, de cent trente-trois mille trois cents francs, ci . . . .   133,300 f.

Réparations aux digues, cinquante mille francs, ci   50,000

Réparations aux bateaux, renouvellement de leurs manœuvres, des engins de pêche et des filets, vingt-quatre mille francs, ci   24,000

Solde de trois employés à raison de 500, 600 et 700 fr., plus 100 fr. de gratification ; ensemble 1,900 fr. par an pour chaque établissement : les cent vingt exigeraient donc une dépense de deux cent dix-huit mille francs, ci   218,000

Un inspecteur général, trois sous-inspecteurs pour la Manche, l'Océan et la Méditerranée, frais de route compris, cinquante-six mille fr., ci   56,000

Cinq employés supérieurs, quatorze mille francs, ci   14,000

Frais de bureaux, huit mille fr., ci   8,000

Imprévu, quarante mille fr., ci   40,000

Total des dépenses annuelles, cinq cent quarante-trois mille trois cents francs, ci . . . .   543,300 f.

L'opération exécutée par l'Etat lui reviendrait donc à une première mise de fonds de deux millions six cent soixante-six mille francs, payables en cinq annuités, et à une dépense annuelle de cinq cent quarante-trois mille trois cents francs. Il est vrai qu'il y aurait à déduire de cette dernière somme le montant des frais actuels de la surveillance de la petite pêche côtière, qui serait en grande partie faite par les bateaux des établissements de pisciculture ; et si l'Etat bornait simplement sa première opération au repeuplement des baies et des rivières du littoral, soit de l'Océan ou de la Manche, il n'aurait plus qu'une quarantaine d'anses à construire et à disposer convenablement, sa mise de fonds première se réduirait alors à huit cent quatre-vingt-huit mille six cent soixante-six francs soixante-six centimes et à une dépense annuelle de cent quatrevingt-un mille cent francs.

Dans la supposition de l'opération confiée à des particuliers, l'Etat n'aurait à faire qu'une concession provisoire d'anses aujourd'hui de nulle valeur et qui ne peuvent être utilisées qu'à cet usage ; quelques-unes même, une fois endiguées, pourraient, en cas de guerre, servir de refuge aux navires de commerce et recevoir, à peu de frais, de l'artillerie pour la défense de nos côtes. L'Etat a donc tout intérêt à adopter cette dernière voie. Sans rien débourser, en faisant une concession d'anses pour un temps déterminé, et en stipulant qu'il en deviendra propriétaire à l'expiration du terme, il peut se

créer des établissements qu'il louera plus tard à
des particuliers et dont il tirera un revenu considérable, comme cela se pratique sur les côtes d'Ita-
lie, dans la lagune de Comacchio : les résultats, au
point de vue des marins pêcheurs, seraient même
supérieurs. Une compagnie ne pourrait sans doute
pas interdire de pêcher dans les baies qu'elle aurait
elle-même empoissonnées, la mer faisant partie
du domaine public ; mais elle devra naturellement
compléter son opération en créant une société d'armement pour la petite pêche côtière, fournissant
ainsi, à nos malheureuses populations des côtes,
les instruments de travail qui tendent tous les jours
à leur manquer par l'emploi de bateaux à vapeur
caboteurs et qui leur manqueront encore davantage lorsque toutes les lignes de chemins de fer
auront leur débouché à la côte. Elle devra, en outre,
s'occuper des voies de transport par mer, et favoriser les marins pêcheurs en donnant à leurs produits des moyens faciles d'écoulement, avantage
que l'Etat ne pourrait jamais leur offrir ; car, en
été, époque à laquelle le poisson est abondant sur
nos côtes et où il est si difficile à conserver, la marée est à vil prix et souvent même les pêcheurs ne
trouvent pas à la vendre là surtout où les voies de
communication sont difficiles et les centres de consommation éloignés.

Dans tous les cas, le repeuplement et la création
de bancs d'huîtres, de moules, et les soins à leur
donner, seraient des opérations à part qui pour-

raient être faites par les navires de l'Etat chargés de la surveillance de la pêche côtière, avec le concours des bateaux de la baie. Quelle que soit, du reste, la voie qui sera suivie pour mettre à exécution notre important projet, il restera toujours 1° à choisir, avec le plus grand soin possible, sur le littoral, des emplacements pour la création de bassins convenables à la multiplication du poisson, et 2° à déterminer, selon la nature des fonds, les différentes espèces que l'on devra propager pour empoissonner et repeupler chaque baie. Nous nous mettons d'avance entièrement à la disposition du Gouvernement, et nous serions même heureux que nos études pratiques et nos constants efforts pussent contribuer pour quelque chose à doter la France de cette industrie nationale. Comme toute idée nouvelle, la nôtre a provoqué bien des objections dont la nature ne nous paraît point présager une longue résistance; mais, comme elles nous ont été présentées sérieusement, nous ne croyons pas devoir les laisser passer sans réponse.

Commençons d'abord par mettre de côté toutes celles qui sont relatives à une prétendue impossibilité d'exécution, en affirmant que les endiguements et les bassins ne pourraient être établis qu'au prix de sacrifices et de dépenses hors de proportion, avec des bénéfices raisonnables. Ces objections sont amplement réfutées par le rapport de la Société impériale zoologique d'acclimatation et dans une brochure de M. Millet, sur la pisciculture, où il fait si judicieusement remarquer que l'hectare de terre cultivé sous-marin, dans les bassins d'Arcachon, rapporte net en moyenne par an 300 fr., tandis que les meilleures terres ne donnent de bénéfice net, par hectare, que 100 fr. On n'accusera pas ce chiffre d'être forcé, car l'hectare de terre cultivé aujourd'hui sous huîtres ou sous moules, donnerait par an de trois à quatre mille francs de bénéfice net. Au surplus, nous nous réservons, lorsque nous traiterons de la question financière, de réfuter encore toutes ces objections et de développer l'opération au point de vue de son exécution confiée par l'Etat à l'industrie privée, avec d'autant plus d'avantages que les anses que nous avons choisies et que nous sollicitons depuis longtemps, sont toutes dans des conditions favorables à endiguer, parce que les fondements se trouvent à quelques centimètres et que les matériaux sont sur place.

En outre, si, contre toutes les prévisions de la science et de l'esprit humain, la réussite ne couronne point nos travaux et que les résultats de nos expériences ne démontrent pas que les bénéfices à recueillir sont en rapport avec les dépenses d'exécution, il est évident que notre projet sera abandonné; les capitaux disponibles, les seuls auxquels nous nous adresserons, ne se présenteront pas; nous en serons pour quelques anses que nous aurons endiguées et que, d'accord avec l'Etat, nous livrerons à l'agriculture.

On nous a dit que c'était dans ces anses que le

poisson déposait habituellement son frai. S'il en
était ainsi, ce serait une cause de destruction de
plus qui serait favorable à notre projet ; car le flux
et le reflux laissant ces anses à sec pendant l'intervalle de chaque marée, les œufs se trouveraient
exposés à des influences pernicieuses qui les dété-
rioreraient bien vite.

On nous a dit aussi que la concession de ces anses
nuirait au libre exercice de la navigation. Nous
avons peine à croire que l'endiguement d'une petite crique de 15 à 20 hectares puisse causer un
préjudice pareil à la marine. Dans la demande d'anses que nous avons faite, nous nous sommes étudié
à choisir les moins fréquentées par les bateaux,
dans le but de sauvegarder les intérêts existants.
Quelques rares cultivateurs, qui y font venir trois
ou quatre batelées de sable par an, pourraient
seuls être lésés, en ce sens qu'ils seraient forcés
de parcourir une centaine de mètres de plus pour
enlever ce stimulant engrais.

On nous a dit encore que le domaine public est
inaliénable et qu'il ne peut faire l'objet d'une concession qu'autant qu'on le retranche du domaine
maritime, au moyen de clôtures qui le rendent pro-
pre à l'agriculture. Les étangs à mer, servant de
moteurs aux usines qui existent sur nos côtes et
sur certaines rivières, qui reçoivent des eaux de
mer à chaque marée et qui, par ce seul fait, conser-
vent toujours leur caractère domanial, sont autant de précédents en notre faveur. D'un autre

côté, nous avons l'espoir de voir le Gouvernement assimiler bientôt la culture de la mer à celle de la terre et de vaincre ainsi promptement tous les obstacles qui s'opposent encore à la réalisation d'une œuvre où tous les intérêts trouveront satisfaction.

Enfin, l'on nous a dit que l'application de notre projet nuirait à l'industrie des marins pêcheurs et, par contre, à l'inscription maritime. Le but que nous nous proposons est diamétralement opposé. En effet, il est difficile d'admettre qu'en empoissonnant les baies, en venant au milieu de ces malheureuses populations de pêcheurs apporter les instruments de travail, leur donner une direction intelligente et un écoulement assuré à leurs produits, on puisse porter préjudice à leurs intérêts. Le nombre des marins devra au contraire augmenter et grossir l'inscription maritime, en raison directe du repeuplement des baies.

Toutes ces objections ne peuvent pas arrêter longtemps désormais en France l'application de cette nouvelle industrie. Déjà le Gouvernement se préoccupe de cette importante question : Il a confié l'étude de la pisciculture à des hommes spéciaux, sous la direction de M. Coste, professeur au collége de France, et l'un de nos savants les plus distingués. Cette nouvelle science ne peut tarder à se répandre dans le domaine public, et aujourd'hui, sur différents points du littoral, des essais pratiques, faits par des particuliers, sont venus confirmer la réalité de cette science et la facilité avec laquelle il est

possible de la faire passer dans le domaine pratique.
Le savant professeur a reçu depuis longtemps une
mission spéciale sur le littoral de l'Océan et de la
Manche : il vient de créer des bancs d'huîtres dans
la baie de St-Brieuc. Certes, nul plus que nous n'a
le désir de le voir réussir, mais l'étude que nous
avons faite de cette baie qui, par sa position topographique, est peut-être une des plus mauvaises de
la Manche, les huîtres dont on s'est servi, ainsi que
les fonds sur lesquels on les a déposées pour essa-
yer de créer des bancs, ne laissent pas de jeter bien
du doute dans notre esprit.

Si un essai, tenté à grands frais comme celui-là,
venait à échouer, toute idée de culture de la mer
serait peut-être indéfiniment ajournée.... Et cependant il y avait parmi les baies de notre littoral un
choix bien plus favorable à faire et des résultats
certains à obtenir : ce que prouve suffisamment le
succès qui a déjà couronné des expériences faites,
sans doute sur une échelle restreinte, mais qui
établissent très-positivement l'efficacité des procédés que nous avons exposés.

Pour une mise à exécution, qui exige un coup
d'œil exercé, une longue expérience et une étude
spéciale des baies, ce n'est peut-être pas à la science
seule qu'il aurait fallu se fier. Si M. Coste avait
consulté quelques hommes spéciaux habitant nos
côtes, pour qui, depuis longtemps, la pisciculture
est devenue une pratique certaine, presque une
routine, il se fût épargné les chances d'un échec

que nous redoutons dans l'intérêt de la cause même.

On ne peut assez insister sur ce point lorsque l'on songe à tout ce que cette industrie renferme d'éléments de bien-être et de prospérité : Nos populations des côtes y retrouveraient ce qui menace de leur manquer : un travail productif et moralisateur. L'Etat verrait s'accroître une population maritime qui fait défaut aux besoins de recrutement de notre flotte. Le Législateur y trouverait les bases certaines d'une loi protectrice de la petite pêche côtière, dont les règlements actuels laissent tant à désirer. Les entreprises de transport n'y trouveraient pas moins d'avantages, et une bonne partie de leurs frais seraient facilement couverts par la circulation qui ne tarderait pas à s'établir entre le centre et les côtes. — Grâce aux appareils économiques que nous possédons, le poisson pourrait être transporté vivant sur tous les marchés de la France. Ainsi, les localités qui n'ont pu, jusqu'à présent, jouir de cette source alimentaire qu'à des conditions fort inférieures de qualité, et qu'à des prix disproportionnés, prendraient part désormais aux avantages de cette nouvelle industrie.

Tels sont les nombreux et très-réels avantages que nous sommes en droit d'attendre de l'entreprise que nous proposons. Les entraves dont notre route a été semée jusqu'à présent, ne peuvent ni nous surprendre, ni nous décourager; car nous n'ignorons pas que, dans toute industrie nouvelle, les difficultés se mesurent à la grandeur de l'œuvre, et que si un ajournement prolongé vient encore retarder l'époque de l'exécution de notre projet, il ne pourra du moins changer en rien les termes du problème, ni diminuer la valeur de sa solution. Appuyé par l'approbation de la Société impériale zoologique d'acclimatation, nous ne doutons point que nos efforts n'arrivent à nous permettre de doter notre pays de cette nouvelle source de richesse, sous le patronage d'un Gouvernement qui a compris que le bien-être matériel est aujourd'hui la condition première et la garantie certaine du développement moral et intellectuel de la société.

PISCICULTURE PRATIQUE

—

SOCIÉTÉ IMPÉRIALE D'ACCLIMATATION

RAPPORT

SUR UN MÉMOIRE DE M. CHAUVIN

RELATIF A LA

CULTURE DE LA MER

PAR

M. A. DE MAUDE

Rapporteur désigné par la 3ᵉ section (Pisciculture).

EXTRAIT DU BULLETIN DE LA SOCIÉTÉ IMPÉRIALE D'ACCLIMATATION

RAPPORT

SUR UN MÉMOIRE DE M. CHAUVIN

RELATIF A LA

CULTURE DE LA MER

PAR

M. A. de Maude

RAPPORTEUR DÉSIGNÉ PAR LA 3ᵉ SECTION (PISCICULTURE).

———

(SÉANCE DU 9 AVRIL 1858.)

M. Chauvin, propriétaire à Lannion (Côtes-du-Nord), a présenté à la section de Pisciculture, dans la séance du 9 mars dernier, un Mémoire relatif à la culture de la mer.

Après avoir étudié les diverses causes générales et particulières qui ont contribué à détruire le poisson et à dépeupler le littoral de la Bretagne, M. Chauvin a recherché les moyens d'apporter un remède efficace à un mal toujours croissant et, en homme d'intelligence et de progrès, il a compris que les nouvelles méthodes de pisciculture pouvaient lui fournir ces moyens.

Dès l'année 1856, il s'est mis en rapport avec M. Millet, qui ouvre si obligeamment son laboratoire à tous ceux qui veulent le visiter et qui ne refuse jamais son concours et ses conseils à ceux qui veulent sérieusement se livrer à d'utiles travaux. Guidé par des instructions essentïellement pratiques et animé par le vif désir d'être utile à son pays, M. Chauvin a spécialement parcouru et exploré, pendant deux années consécutives, les anses, les baies et les lais du littoral des Côtes-du-Nord et du Finistère. Enfin, dans ces derniers temps, il a saisi avec empressement une heureuse occasion qui lui était offerte de mettre ses études à profit en se plaçant sous le puissant patronage de M. Coste, qui a reçu une mission spéciale pour l'exploration des côtes de la Bretagne.

Ces côtes, aujourd'hui très-appauvries, fournissaient autrefois une grande quantité de poissons, de coquillages et de crustacés. Avant 1789, le saumon était tellement abondant dans les rivières de Neff, du Trieux, du Tréguer, du Guer, de Landerneau, de Châteaulin, etc., que les domestiques, en se gageant, stipulaient qu'on ne leur donnerait du saumon que trois fois par semaine. Mais sans remonter aussi loin, il y a à peine quarante ans, le cent d'huîtres valait, en Bretagne, 15 à 20 centimes ; un homard ou une langouste, 20 à 25 centimes ; un saumon de 3 à 4 kilogrammes, s'obtenait facilement pour 1 franc à 1 fr. 25 c., et cependant les pêcheurs gagnaient davantage, parce qu'ils prenaient beaucoup plus de poissons, et les populations avaient en abondance et à bon marché une nourriture saine et substantielle.

La pêche des poissons voyageurs (maquereau et sardine) est la seule qui donne encore au marin un bénéfice raisonnable. Celle du poisson qui habite continuellement les côtes de Bretagne ne donne aujourd'hui que très-peu de bénéfice; c'est à peine si les marins qui s'en occupent peuvent gagner par jour 1 fr. 25 c. à 2 francs. Il en est de même pour la pêche des homards, langoustes, crevettes, huîtres, moules et coquillages divers; ces industries sont abandonnées à de malheureux pêcheurs.

Pour relever ces pêcheries et leur donner au moins l'importance qu'elles avaient à une époque qui n'est pas éloignée, M. Chauvin expose un plan d'exécution essentiellement pratique et demande au Gouvernement, pour l'application de ce plan, la concession de certaines anses, baies et lais de mer qui lui paraissent réunir de bonnes conditions. Dans sa conviction, les travaux de MM. Coste et Millet, les explorations de ces habiles pisciculteurs sur le littoral de la Manche et de l'Océan, l'appui énergique et bienveillant du Gouvernement, peuvent donner immédiatement la plus grande extension aux applications pratiques de la pisciculture, qui est appelée à transformer notre pêche côtière.

Déjà, sur divers points du littoral de la Bretagne, de bons praticiens ont fait d'utiles essais : M. de Crésolles, à Kermoor, a obtenu des soles et des turbots ; M. Mallet, commandant du *Moustique*, a recueilli une très-grande quantité d'huîtres sur des fascines déposées à proximité d'un banc ; M. Guillou, à Concarneau, opère depuis longtemps sur les langoustes et les homards, en plaçant les femelles garnies d'œufs dans de petits réservoirs où il élève les jeunes pendant quelques mois. Des échantillons de ces produits ont été présentés par M. Chauvin à l'appui de sa communication. Pour donner une idée de la facilité avec laquelle on peut propager ces précieux crustacés, M. Millet a mis sous nos yeux les curieux produits qu'il a obtenus et dont j'ai pu suivre le développement depuis plusieurs mois déjà, dans son laboratoire à Paris, où il opère avec de l'eau de mer artificielle. Des œufs de langoustes et de homards sont même éclos, pendant la durée de la séance, dans les tubes qui les renfermaient.

Sur d'autres points du littoral de la France, et notamment dans la Vendée, la Charente-Inférieure, la Manche et le bassin d'Arcachon, on a fait des essais et des entreprises qui ne laissent aucun doute sur la possibilité et l'utilité du repeuplement de nos côtes.

Dans les applications pratiques qu'il veut faire sur une grande échelle, M. Chauvin a les meilleures chances de succès. En effet, il ne veut rien innover ; il veut seulement utiliser le plus avantageusement possible les ressources naturelles de la région. Là où les cours d'eau qui se jettent à la mer sont essentiellement favorables à la production du *saumon* et de la *truite saumonée de mer*, il favoriserait la propagation de ces précieuses espèces, soit par la méthode des fécondations artificielles, soit par l'emploi des frayères artificielles. Là où les fonds sont incontestablement favorables au développement du turbot, de la barbue, de la sole, etc., il favoriserait la propagation, le développement et l'engraissement de ces diverses espèces. Là où les terrains rocheux présentent de bonnes conditions pour les homards et les langoustes, il y placerait les reproducteurs et les jeunes élèves de ces précieux crustacés. Enfin, là où l'état des baies, des anses ou des lais de mer offre des situations propres au développement des huîtres et des moules, il affecterait spécialement ces portions du littoral à la culture de ces coquillages.

Les côtes de la Bretagne, très-découpées et très-dentelées, présentent de vastes étendues de terrains où l'on peut facilement, et à peu de frais, se rendre maître des eaux de la mer, au moyen de digues et d'écluses convenablement disposées et établir des viviers et des réservoirs. Ces établissements, destinés à produire de l'alevin ou à engraisser le poisson adulte, seraient placés dans des conditions très-favorables; car le littoral présente un très-grand nombre de ruisseaux et de rivières qui apportent les eaux douces et qui produisent des mélanges très-recherchés par plusieurs espèces marines. Dans son système d'organisation, M. Chauvin a surtout pour but de faire une immense quantité d'alevin, pour le livrer à la mer dès qu'il a atteint les dimensions convenables. On n'a pas ainsi à se préoccuper de son alimentation, et au lieu de porter préjudice aux pêcheurs de l'inscription maritime, on ne ferait qu'accroître les produits de leur pêche. On viendrait, par ce moyen, très-efficacement en aide à une organisation que l'administration de la marine considère comme indispensable au recrutement de la flotte; on utiliserait ainsi, pour le plus grand bien-être de l'humanité, des terrains soumis aux alternatives des marées et restés jusqu'à ce jour complètement improductifs et on assurerait, d'une manière régulière, l'approvisionnement des marchés, puisque les réserves permettraient de pêcher en tout temps, ce qui est aujourd'hui impraticable sur le littoral. Par le beau temps, on pêcherait à la mer; par le mauvais temps, on pêcherait dans les réserves.

On ne saurait trop étendre ce vaste système de production partout où il est praticable, car personne n'ignore que les produits en viande sont bien inférieurs aux besoins de la consommation, et que le poisson de mer n'entre aujourd'hui dans l'alimentation que pour une proportion très-minime et à des prix généralement très-élevés.

Le poisson d'eau douce est même dans des

conditions plus mauvaises encore. En effet, d'après les données statistiques de M. Millet, nos centres de population les plus importants n'ont à consommer annuellement, par habitant, que quelques kilogrammes de poisson, et nos plus beaux cours d'eau ne donnent que des produits à peu près insignifiants.

Quoi que l'on fasse, la production des eaux douces a des limites; celle de la mer n'en a pas et elle offre, en outre, l'avantage exceptionnel de ne rien prendre à la production de la terre. En effet, si on ne peut obtenir du gibier ou du bétail qu'avec les fruits de la terre, il n'en est pas de même des poissons, des crustacés et des coquillages marins qui peuvent se reproduire, en quantité illimitée, avec les ressources seules de la mer.

C'est dans ces vues élevées et philanthropiques que M. Chauvin, s'appuyant sur les données de la science et de la pratique, vient avec confiance et sous le patronage de nos plus habiles pisciculteurs, MM. Millet et Coste, solliciter le bienveillant appui de la Société impériale d'acclimatation qui s'est placée à la tête des institutions les plus utiles.

Nous pensons que notre Société ne saurait trop encourager une industrie qui aurait le mérite incontestable de favoriser le recrutement de la flotte et de fournir à la consommation une quantité considérable d'excellents produits.

Nous avons, en conséquence, l'honneur de lui proposer de faire insérer le présent rapport dans le prochain numéro de son bulletin, d'en adresser des exemplaires aux Ministres de la Marine, des Finances, de l'Intérieur et de l'Agriculture et du Commerce, et de recommander les projets de M. Chauvin à la bienveillante attention de l'illustre amiral placé à la tête du Ministère de la Marine.

DE MAUDE

RAPPORTEUR.

Paris, le 9 avril 1858.

Les conclusions de ce rapport ont été adoptées par la section de Pisciculture dans sa séance du 20 avril 1858, et par la Société en séance générale.

www.ingramcontent.com/pod-product-compliance
Lightning Source LLC
Chambersburg PA
CBHW061330060726
47596CB00003B/1172